U0175840

panda
大熊猫

一本正经的大熊猫百科书

上尚印象　著/绘

电子工业出版社

Publishing House of Electronics Industry

北京·BEIJING

图书在版编目（CIP）数据

大熊猫 / 上尚印象著、绘. -- 北京：电子工业出版社, 2021.10

ISBN 978-7-121-41996-6

Ⅰ.①大… Ⅱ.①上… Ⅲ.①大熊猫—少儿读物Ⅳ.①Q959.838-49

中国版本图书馆CIP数据核字(2021)第187630号

责任编辑：赵　妍　季　萌

印　　刷：当纳利（广东）印务有限公司

装　　订：当纳利（广东）印务有限公司

出版发行：电子工业出版社

　　　　　北京市海淀区万寿路173信箱　邮编：100036

开　　本：889×1194　1/8　印张：10　字数：111.75千字

版　　次：2021年10月第1版

印　　次：2024年3月第6次印刷

定　　价：138.00元

凡所购买电子工业出版社图书有缺损问题，请向购买书店调换。若书店售缺，请与本社发行部联系，联系及邮购电话：（010）88254888，88258888。

质量投诉请发邮件至zlts@phei.com.cn，盗版侵权举报请发邮件至dbqq@phei.com.cn。

本书咨询联系方式：（010）88254161转1852，zhaoy@phei.com.cn。

前言
FOREWORD

有谁会不喜欢大熊猫呢？作为全民超萌偶像"出道"的大熊猫，一路披荆斩棘，穿越800万年的时空，化身为坐拥全球数十亿粉丝的"萌系教主"，真可谓"身在林中坐，粉丝八方来"。大熊猫是中国国宝，每年全球数以万计的游客来到中国，只为一睹它的"超萌系"风采。

要是你觉得大熊猫只会卖萌，那就大错特错了！大熊猫是中华民族悠悠5000年历史长河中一份特有的生命文化符号。憨态可掬的外形让人们觉得它们温顺可爱，还有点儿笨笨的，其实大熊猫是一种既勇猛又聪明的生物。作为史前生物，它成功逃过全球性灾难，让熊猫这一古老的种族一直延续至今。大熊猫作为世界濒危物种保护的典范，还是友谊的象征、和平的使者，曾经多次被作为国礼赠送给世界各国，让中华文化走向世界，也让世界开始了解中国。

我们真的太喜欢熊猫了！带着对祖国文化的热爱和对生命自然的敬畏，上尚印象研发团队把大熊猫这种生物图解成一本值得收藏的全年龄大书。我们从大熊猫的上古传说讲起，书中贯穿大熊猫的起源进化、前世今生的变化、生活环境的变迁、与众不同的习性、不为人知的秘密。在介绍大熊猫的同时，还对由大熊猫延伸出的自然界的其他生物进行介绍，延展的生物达百种之多，涵盖了天敌、近亲、共生关系、竞争对手等诸多物种。通过这本书，读者可以真实、全面地了解大熊猫。

上尚印象研发团队有一个小小的"执念"：我们要做一个能够承载中国文化的主题，我们要站在国际化视角来诠释东方文明。

我们的执念是，要有一种美，跳脱中国传统童书的固化模式和框架，以更专业的能力赋予童书更新颖的图像风格和现代设计。

我们的执念是，要努力坚持"没有界限的阅读模式"。没有语言、种族的界限，没有文化差异的界限，没有年龄阶段的界限……

宋超

2021.7

目录
CONTENTS

传说中的大熊猫

　　大熊猫的祖先早在 800 万年前就已经生活在这个星球上了，出现的时间比人类还要久远，而它们也经常在人类文明的历史上扮演重要的角色。中国是最早发现大熊猫祖先化石的地方。在中国的发展历史中，历朝历代都有关于大熊猫的记载，各种传说、故事，甚至神话更是将大熊猫演绎得无比精彩。

　　有人说，中国古代传说中的神兽、瑞兽"貔貅"指的就是大熊猫。据说在上古时期，炎黄部落与蚩尤领导的部落发生冲突，蚩尤的坐骑就是大熊猫。大熊猫在战场上凶悍无比，让炎黄部落损失惨重。蚩尤驯化许多猛兽用来作战，如老虎、豹子和大熊猫等，往往能得到出人意料的效果。特别是大熊猫，它们的智商高于其他猛兽，被驯化之后不仅能按照主人的指令行动，其凶悍的程度更是得以发挥到极致。战斗过程中，大熊猫丝毫不惧怕战场上的厮杀，它们载着士兵冲锋陷阵，在战场上起到了至关重要的作用。

　　4000 年前，天下万民饱受洪水泛滥之苦，中华大地被洪水淹没，庄稼颗粒无收，大批牲畜被洪水吞噬，民不聊生。在几次治理洪水均以失败告终之后，洪水的泛滥愈演愈烈。在这样紧要的关头，大禹临危受命，他不顾艰难险阻，曾三次路过家门而不入，遇山开山，以"疏通"为主，历经十余年终于把泛滥的洪水治理得当，使天下的百姓不再受洪水的折磨。为了表彰大禹治理洪灾的功绩，百姓将被视为祥瑞之兽的大熊猫进献给大禹。足见在数千年前，人们就已经意识到大熊猫的珍贵了。

　　《诗经》是中国第一部诗歌总集，在中国诗歌文学的历史上具有举足轻重的意义。这样经典又重要的著作之中也提到了大熊猫，其中"献其貔皮"一句中的"貔"指的就是大熊猫。

　　到了唐代，贞观之治一度将中国的经济、文化推到了世界之巅，大熊猫在这个时期更是被视作弥足珍贵的动物。据说唐太宗李世民曾摆下盛宴来款待当时的有功之臣，丰盛的酒宴不足以表达皇帝的慷慨，唐太宗便将大熊猫的皮毛作为礼物赏赐给功臣，由此可见大熊猫在当时的珍贵程度。

始熊猫（已灭绝）

小种大熊猫（已灭绝）

始熊猫 / 早在 800 万年前，中国云南的森林里就住着大熊猫的祖先——始熊猫，这种熊猫的大小接近于一只肥胖的犬。那时它们还是肉食动物。与它们生活在同一时代的生物是十分凶猛的袋剑齿虎。长长的牙齿是袋剑齿虎的显著特征。如果始熊猫和袋剑齿虎相遇，肯定会有一场激烈的争斗，但谁输谁赢就很难说啦！

小种大熊猫 / 大约 200 万年前，始熊猫的体型演变得略大，但小于现代大熊猫，这就是小种大熊猫。小种大熊猫虽然体型小了些，但已经完全适应了以竹子为食的生活。和小种大熊猫生活在同一时代的是猛犸。猛犸曾是世界上最大的象，长长的毛发和巨大的牙齿让它们看起来有点儿可怕。

从远古走来的大熊猫

地球从诞生到现在，已经度过了 46 亿年的漫长岁月。这期间地球上出现过无数生命，也有数不清的物种消失在历史的长河中。当然，那些依靠自己顽强的生命力以及令人拍案叫绝的生存策略存活下来的物种也不在少数，我们的"国宝"大熊猫就是这样神奇的生物。大熊猫的祖先可以追溯到 800 万年前的始熊猫，在经历过几次物种演化后延续至今，是地球上现存的最古老的物种之一，也是名副其实的"国宝"。从始熊猫演变至今，大熊猫的样子没有太大的改变，真是让人不得不感叹大自然对大熊猫的偏爱，赋予了它们最呆萌可爱的样子。

大熊猫是生物界最古老的物种之一，也是中国特有的国宝级动物。如果把大熊猫的演化过程看作一条线，那么这条线从它们的祖先始熊猫开始就是笔直的，没有任何分支。与大熊猫的祖先同期生活的动物，如今多已灭绝，大熊猫却顽强地存活到今天，适应了现代的环境，和人类共处一个地球家园，所以大熊猫也被称作"活化石"，是珍贵的自然遗产。从祖先开始，大熊猫的演化过程清晰且有迹可循，从始熊猫到小种大熊猫，再到巴氏大熊猫，最后演化至如今的大熊猫。现在我们就来翻开熊猫的"家史"，认识一下不同时期的大熊猫吧。

巴氏大熊猫（已灭绝）　　　　　　　　　　　　　　　　现代大熊猫

巴氏大熊猫 / 巴氏大熊猫出现在距今约 100 万年前，由于生存环境的变化，小种大熊猫逐渐演化为巴氏大熊猫，体形比小种大熊猫大 1/3，甚至超过了现代大熊猫，它们的食物需求量也随之增加。在那个时期，人类的祖先——原始人已经和巴氏大熊猫共同生存在地球上了。从那时开始，大熊猫和人类就结下了不解之缘。

现代大熊猫 / 演化到现代，大熊猫就变为我们经常可以见到的样子了。因为生存习惯的改变，它们变成了以竹类为主要食物的杂食性动物。大熊猫曾经濒临灭绝，在人类坚持不懈的保护下，种群数量才逐渐恢复。相信在未来，人类和大熊猫依旧可以和谐相处，一起生活在这片美丽的土地上。

舒适的家园

　　大熊猫不惧严寒又不需冬眠，常生活在海拔 1300~3500 米的森林之中，那里竹林遍布，雨量充沛，气候湿润，云雾缭绕，不会受到阳光直射，温度常年在 20℃以下，而竹子是众多的植物中唯一可以在一年四季里为大熊猫提供能量的食物。

咕嘟咕嘟来喝水

　　水是生命之源，不仅孕育了生命，还孕育了文化。生物想要生存就离不开水的滋养，大熊猫也不例外。大熊猫很喜欢喝水，而且对于水质的要求非常高，所以它们的领地往往会靠近水源。大熊猫会选择清澈的泉水、小溪和河流饮水，为了喝到一口干净、甘甜的水，它们甚至不惜走很远的路。曾有科学家拍摄到野生大熊猫喝水时的画面，它们在岸边喝得津津有味，那样子说不出的惹人喜爱。

咔嚓咔嚓吃饭香

　　大熊猫是杂食性动物，虽然偶尔也会吃一些小动物、水果和蔬菜，但主要食物依然是竹子。竹子的质地坚韧，可大熊猫偏偏把这种植物当作美味。数百万年来，很少有动物会将竹子作为食物，所以大熊猫在食物方面的竞争对手很少，这样方便物种的延续。竹子一般生长在温暖的地区，对土壤的要求也很高。大熊猫会在适宜竹子生长的地方住下，逐渐也就适应了这样的环境。

呆萌可爱不好惹

大熊猫呆萌可爱,活动起来总是慢悠悠的。它们之所以这么悠闲,最主要的原因是很少有天敌出现在它们的生活环境中。大熊猫的主要天敌有豺和豹子等,它们通常只会攻击刚离开母体的幼崽或衰老的个体。大熊猫虽然看起来没什么可怕的,但是如果觉得它们好欺负,那可就错了。大熊猫是真正的"打架高手",成年大熊猫发怒时速度惊人,咬合力并不比狮子和老虎弱,所以一般动物并不敢招惹它们。

大熊猫的成长日记

大熊猫是我国动物界中特有的珍贵且稀少的物种。大熊猫的种群数量之所以会如此稀少，其中一个主要原因就是它们从出生起就要面对严苛的生存环境，想要顺利成长并不容易。我们只有对大熊猫成长的过程有所了解，才能为它们提供帮助，使它们健康成长。

❶ 熊猫妈妈孕育宝宝

大熊猫怀孕后，就会开始为生产熊猫宝宝做准备。生存在野外的大熊猫妈妈通常会选择树洞或山洞作为产房。它们还会在身下铺上干枯而柔软的草和树叶，这样可以让大熊猫宝宝出生的时候更舒服一些。正常情况下，3~6个月后，大熊猫妈妈就会分娩。

❷ 幼崽出生

大熊猫宝宝刚刚出生的样子让人十分担心，它们紧闭着眼睛，身上光秃秃的，就像一团粉红色的肉球。事实上，它们都是早产儿，发育程度很低。刚出生的大熊猫幼崽体重只有100克左右，和成年的大熊猫相差近千倍，这在动物界中是十分罕见的。要把这样小的幼崽养大，是多么困难呀！

❸ 出生一周后

出生一周后，大熊猫幼崽的耳朵、眼圈和肩部的位置开始微微变黑，并生长出细细的绒毛，逐渐出现了一些大熊猫的毛色特征。这个阶段的大熊猫幼崽体型也比刚刚出生的时候大了一些，但毛茸茸的样子还是容易令人联想到老鼠。

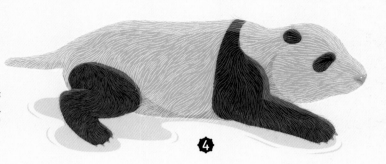

❹ 出生 50 天后

出生 50 天后，大熊猫幼崽的身体特征就越来越明显了。胸部和肚子上的皮肤和毛也变成了暗红色或棕色，其余的位置是黑色的毛发，尾巴也变得短小可爱。这个时候它们终于不再像老鼠了，而是越来越像大熊猫的幼崽。

❺ 出生三个月后

出生三个月之后，大熊猫幼崽的毛色已经和我们经常见到的大熊猫一模一样了，只是体型还偏小。这个时候它们刚刚学会走路，四肢的力量还远远不够，再加上四肢并不协调，所以只能勉强走上几步，有时只有短短的一米远。大多数时候，它们只要走几步就会摔倒，甚至翻滚起来，样子真是可爱极了！

❻ 出生六个月后

大熊猫幼崽成长到六个月之后，就已经是个彻头彻尾的"淘气包"了。它们对身边的一切都开始感到好奇，也会跟着熊猫妈妈学习如何吃竹叶。但大多数时间，它们只是在玩耍，还不会对竹子这样的美食有真正的了解。虽然大熊猫在幼崽阶段成长较慢，但是过了六个月之后，它们的体重会迅速增加。也就是说，这时候的大熊猫已经准备开始茁壮成长了。

胎生之谜

大熊猫的繁殖率很低，野外大熊猫一般每胎生一只幼崽，极少数生双胞胎。这是因为大熊猫一般是排双卵的，两个卵细胞排出时间相隔二十到三十个小时，而雌雄大熊猫一般在几小时内完成交配，所以精子遇到两枚卵子的机会少。

幼崽存活率低

初生的幼崽脆弱，母乳是它们唯一的营养来源。通常情况下雌性大熊猫如果生了多胞胎，它会选择最健康强壮的一只哺育，将其余的幼崽丢弃不管。因此，科研人员会哺育被遗弃的幼崽，保证大熊猫幼崽的存活和正常生长发育。

熊还是猫，这是个问题

很多人或许都有这种疑问：大熊猫到底是熊还是猫呢？其实，大熊猫既不是熊也不是猫，它们属于单独的大熊猫属动物。不过按照血统来说，它们和熊类更接近。大熊猫是生物界公认的"活化石"，从祖先一直演化到现在我们见到的大熊猫，它们还保持着原始的外貌特征、生理习性。大熊猫这一物种并没有其他的旁支，不同地区的大熊猫只在毛色上有些许差异。

不同亚种的大熊猫

大熊猫虽然是我国特有的动物，但是在我国的分布也并不广泛，大部分大熊猫生活在四川地区，陕西的秦岭地区也有少量分布。四川大熊猫是最常见的大熊猫亚种，它们生活在海拔较高的地区，那里竹林茂密，有丰富的食物资源。生活在秦岭地区的大熊猫属于大熊猫秦岭亚种，和四川大熊猫最大的不同是它们的头部更圆润，嘴巴和鼻子也更短一些。

不同毛色的大熊猫

在大家的认知里，大熊猫的毛色基本都是黑白相间的。其实，大熊猫的毛色并不只有黑色和白色。现在已知的大熊猫毛色还有棕色和白色。四川大熊猫基本都是黑白相间的毛色。而在秦岭地区已经发现有在一定数量的棕色大熊猫，甚至还有白色大熊猫。对于不同毛色的大熊猫是如何产生的，科学家分析，有可能与基因突变有关。

四川大熊猫

　　四川大熊猫是大家最熟悉的大熊猫，很多卡通形象就是以它们为原型设计的。它们生活在四川的高海拔地区，那里有丰富的食物和水源，而且没有天敌的威胁，它们生活得非常安逸。

秦岭大熊猫

　　秦岭大熊猫生活在陕西的秦岭地区。在演化和繁衍的过程中，秦岭大熊猫相对与世隔绝，与四川大熊猫没有基因方面的交流，所以外形和四川大熊猫略有区别。它们最大的特点就是头部更圆，嘴巴和鼻子也更短。

棕色大熊猫

　　棕色大熊猫的毛色是棕白相间的。相对于黑白色大熊猫来说，棕色大熊猫比较罕见。关于棕色大熊猫的成因，目前还没有明确的结论。根据研究推断，有可能是食物和水源中含有一些会改变大熊猫毛色的微量元素，导致了这种毛色的出现。

白色大熊猫

　　白色大熊猫比棕色大熊猫更加稀少。白色大熊猫全身几乎都是白色的皮毛。在四川和秦岭等地都有过发现白色大熊猫的记录，所以这和地域关联不大。对于白色大熊猫的成因，最有可能的就是基因突变。

约 120~180cm

约 50cm

约 70cm

约 50cm

约 15cm

约 20cm

大熊猫的毛发与体态特征

　　大熊猫的体态圆润丰腴，圆圆的头部和短短的尾巴十分惹人喜爱。黑白相间的皮毛是它们的保护色，可以让它们在森林或雪地中隐藏自己的身体。在秦岭地区还生活着罕见的棕色大熊猫和白色大熊猫。大熊猫身体不同部位的皮肤厚度也不一样，背部厚于腹侧，体外侧厚于体内侧。

　　大熊猫皮肤的平均厚度约为 5 毫米，最厚可达 10 毫米。它们的体重通常为 80~120 千克，最强壮的能达到 180 千克。大熊猫的身体长度为 120~180 厘米，四肢站立时的高度约为 70 厘米，腹部到背部的距离约为 50 厘米，身体宽度约为 50 厘米，四肢长度约为 20 厘米，尾巴长度约为 15 厘米。

毛色模仿秀

　　在自然界中，皮毛是黑色和白色的动物十分常见，如果要说黑白相间的动物，许多人都会首先想到大熊猫。其实，和大熊猫颜色相近的动物还有很多，我们来了解一下吧。

　　①奶牛 / 牛奶的营养丰富，味道醇美，所以奶牛也是大家非常喜欢的动物。②马来貘 / 马来貘和大熊猫一样，很喜欢吃竹子，但是它们的胆子很小。在传说故事里，貘是可以吃掉噩梦的神奇动物。

③云石蝾螈 / 云石蝾螈大小只有 10 厘米左右，喜欢生活在潮湿阴暗的环境里。④斑点狗 / 斑点狗因为浑身都是黑色斑点而得名，是大麦町犬的俗称。电影《101 忠狗》的主角就是斑点狗。⑤臭鼬 / 臭鼬会发射具有刺激气味的液体，大家都对它避而远之，这也是臭鼬保护自己的方式。⑥牛奶蛙 / 牛奶蛙身上的花纹是棕白相间的，这在树蛙之中是比较罕见的。⑦东方斑鸱 (bī) / 东方斑鸱的毛色黑白分明，十分好辨认，它喜欢在比较荒凉的地方生活。⑧大帛斑蝶 / 大帛斑蝶白色的翅膀上有着黑色的脉纹，体内的毒素可以让它们避免被天敌捕食。⑨熊猫蚂蚁 / 熊猫蚂蚁因为颜色和熊猫相近而得名，

其实它们并不是蚂蚁，而是一种没有翅膀的蜂类。⑩**丹顶鹤** / 丹顶鹤的羽毛颜色也是由黑色和白色组成的，值得一提的是它们的羽毛一年要换两次——春季和秋季，这很像人类根据季节更换衣服。⑪**斑马** / 斑马的黑白条纹和大熊猫一样令人印象深刻，但是大家可能不知道，每一只斑马的条纹都是独一无二的，就像人类的指纹一样。⑫**企鹅** / 企鹅非常可爱，它们拥有厚厚的脂肪，可以抵抗南极的寒冷。⑬**银环蛇** / 银环蛇有黑白相间的环纹，它们的毒性很强，是陆地上毒性最强的蛇之一。去除内脏并泡酒的干燥银环蛇也是一种中药材。⑭**虎鲸** / 虎鲸也有黑白相间的体色，它们非常聪明，可以通过声音来进行交流。虎鲸十分凶猛，就连"海中杀手"大白鲨都不是它们的对手。

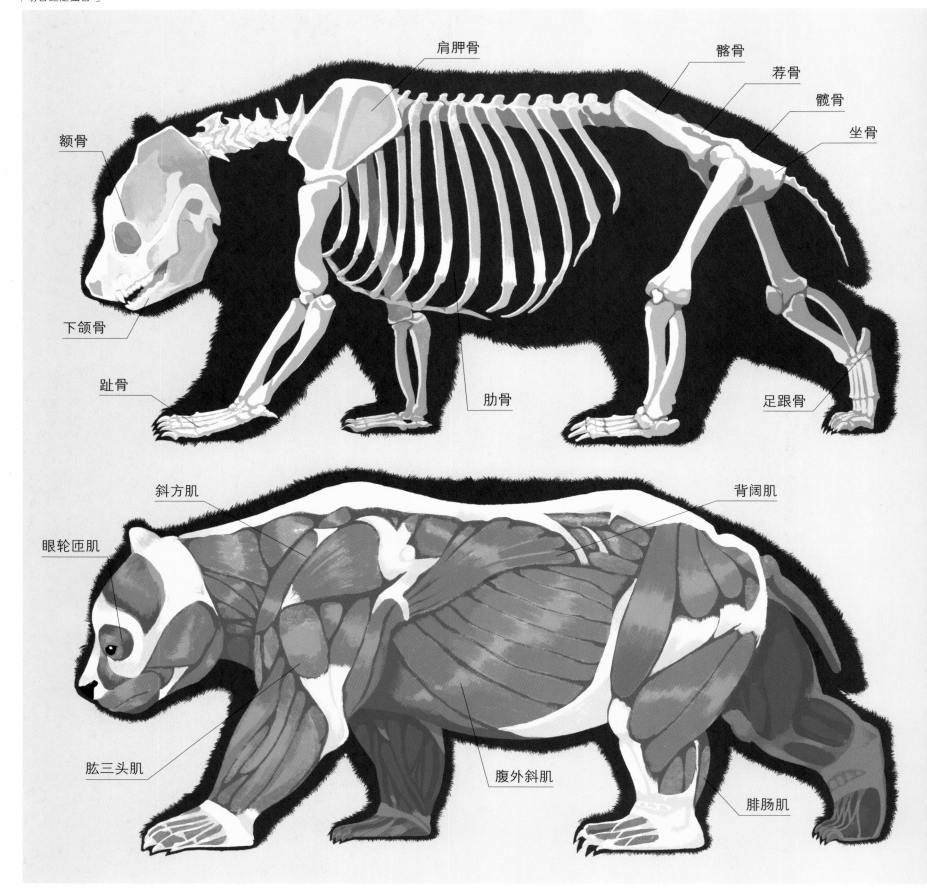

萌兽还是猛兽

人们对大熊猫的看法各不相同，有人认为熊猫是一种萌兽，性情温和，呆萌可爱；也有人认为它是一种猛兽，性情凶残，咬合力极强，号称食铁兽，连狮子、老虎都不是它的对手。其实，大熊猫属于肉食类熊科动物，是名副其实的猛兽，这还要归功于它的身体结构，我们一起看看吧！

大熊猫的肌肉与骨骼

大熊猫的身体相当壮硕，它们的食谱中，90%以上都是素食，所以它们的皮下脂肪相对较少，大部分是肌肉，因此它们的力量十分强大。除了因疾病去世的大熊猫需要特殊处理，其余大熊猫的遗体通常会被制作成皮毛或骸骨标本。大熊猫的骸骨和大熊猫原本的形象可以说是截然不同，看上去非常凶猛，会让人以为是某种凶悍的肉食动物，实在难以将其与可爱的大熊猫联系在一起。

门齿

犬齿

伪拇指

大熊猫的耳朵和眼睛

大熊猫的耳朵不能随意触碰，它们的听力非常灵敏，突然的触摸很容易激怒它们，从而造成危险。大熊猫天生就有相当于人类800度的近视，眼睛还没完全长成，瞳孔竟然是垂直的，这导致它们的视野很窄，看不清远处的东西。所以，它们主要凭借嗅觉和听觉来感知周围的环境，它们还能通过触摸和撕咬来识别不同的竹子呢！最厉害的是，它们能看到紫外线，这可以帮助它们找到竹子的新芽。

大熊猫的口鼻、牙齿与爪子

大熊猫出生后3个月左右就开始长牙了，6个月时乳齿基本长齐，可爱的幼崽们在8个月左右乳齿逐渐脱落，开始换牙，等到它们15到17个月的时候，所有的乳齿都会被恒齿代替。大熊猫的乳齿有24颗，恒齿有40到42颗呢！它们的犬齿长度可达3厘米，咬合力十分惊人。大熊猫的爪子十分灵活，有六根手指，不过这第六根并不是真正的手指，而是由籽骨构成的伪拇指，帮助它们紧紧抓住竹茎，灵活地采食竹子。

大熊猫的亲朋好友

许多动物之间都有相似之处，这些动物有的像血缘相近的"亲戚"，无论是在体形还是样貌上都很相似；还有的像"邻居"，相同的生活环境和对食物的选择让它们形成了生存协作的关系。现在就让我们来认识一下大熊猫的"亲戚"和"朋友"吧！

①北极熊 / 北极熊又叫白熊，是世界上体形最大的熊。虽然名字叫白熊，但从鼻头、耳朵内侧等部位可以看出，它们的皮肤实际上是黑色的，看上去一身洁白只是毛发反射太阳光后，在冰天雪地

的环境下映衬的结果。②棕熊 / 棕熊是世界上分布最广泛的熊，不同亚种的棕熊体形差距很大，身材较小的叙利亚棕熊体重只有10□千克左右，而体形最大的科迪亚克岛棕熊的体重却能达到 700 千克以上。③眼镜熊 / 眼镜熊的眼眶周围长了一个黑色的圈，看上去就像戴了一副眼镜，所以才被称作"眼镜熊"。它们很喜欢吃凤梨科植物的果实，是除大熊猫外最不爱吃肉的熊。④懒熊 / 懒熊的嘴巴和鼻子都很长，能像食蚁兽那样舔食美味的白蚁，它们最大的特点就是胸前有 V 形或 Y 形的白毛，就像穿了一件毛衣。⑤美洲黑熊 / 美洲黑熊生活在北美大陆，它们的胸前没有白毛，都是纯黑色的，样子看起来很凶。⑥大熊猫 / 大熊猫是我国的"国宝"，数量稀少

野生大熊猫的数量不足 2000 只。中国是目前世界上唯一拥有野生大熊猫的国家。⑦**马来熊** / 马来熊是世界上体形最小的熊，最显著的特点是胸前有白色或金色的 U 形斑纹。⑧**蓬尾浣熊** / 蓬尾浣熊是杂食性动物，它们的尾巴很长，竟然占身长的一半，由于形象可爱，受到人们的喜欢，还有不少人把它们当作宠物饲养。⑨**浣熊** / 浣熊喜欢生活在温暖湿润的林地，尾部有多条黑白相间的环纹。它们的爪子虽然没办法收缩，也不像别的动物那样锋利，但灵活性非常好，甚至能抓住飞行的虫子。⑩**长鼻浣熊** / 长鼻浣熊的鼻端尖锐，没有毛发，尾巴上带有灰色或浅灰色的环纹。它们住在高海拔的森林里，最喜欢吃的食物是虫子，甲虫、蝗虫和蚂蚁都常常出现在它们的"菜单"上。厉害的是，它们可以直立行走哦。⑪**小熊猫** / 小熊猫和大熊猫一样，也喜欢吃竹叶和竹笋，它们经常把自己的家安置在大熊猫的家旁边。由于小熊猫的食量有限，大熊猫并不会驱赶它们。而对于小熊猫来说，和大熊猫做邻居也降低了被天敌攻击的危险。两者在食物链中属于竞争关系。⑫**蜜熊** / 蜜熊喜欢在夜间出动，白天则会在树上或树荫下睡觉。蜜熊是杂食性动物，主要吃果实，有时也会吃鸟蛋、昆虫及鸟类。它们的舌头很长，可以用来摘果实，也可以从花朵中吃花蜜。⑬**小型犬浣熊** / 小型犬浣熊身材较小，脸型也比较圆润，看起来很像小猫。它们有一对乳房，而且一次很可能只产一崽，是最小的浣熊科属动物，喜欢在夜间独自活动。

国宝也有生老病死

　　大熊猫主要生活在四川境内。1869 年，大熊猫在四川省雅安市被首次正式记录并介绍给世界，从此，大熊猫逐渐被世界所熟知。目前，绵阳市是野生大熊猫最多的地级市，其次是阿坝州和雅安市。大熊猫的形象深受世界各国人民的喜爱，也是我国对外的一张重要名片。大熊猫和人类一样，也会有生老病死。那么，一只大熊猫的寿命究竟有多长呢？

　　科学研究发现，大熊猫的平均寿命为 25 岁，相当于人类 70 岁左右。目前，最长寿的大熊猫的年龄为 38 岁，如果按照人类年龄的标准，早已是百岁以上的老人了。在野外生存的大熊猫因为生存条件有限，平均寿命会短一些。圈养的大熊猫可以生存得更久。如今对大熊猫的研究和养护技术日趋成熟，圈养更能大大提升新出生的大熊猫幼崽的成活率。

大熊猫的"养生秘诀"

　　大熊猫在动物界中算是寿命比较长的物种，这与大熊猫的生存环境和饮食习惯不无关系。众所周知，大熊猫非常喜欢吃竹子，食物基本上以竹子、竹笋为主。由于吃竹子不能获取足够的热量，所以大熊猫除了进食，大部分的时间都在睡觉，以避免热量的消耗，就算运动起来，动作也总是慢吞吞的。如此缓慢的新陈代谢就是大熊猫的"养生秘诀"。

最长寿的大熊猫

　　大熊猫佳佳 21 岁时到中国香港，在那里度过了 17 年岁月。佳佳的寿命很长，达到 38 岁，是当时世界上最长寿的大熊猫。佳佳同时作为"迄今为止最长寿的圈养大熊猫"以及"最长寿的在世圈养大熊猫"，被收录进吉尼斯世界纪录中。

大熊猫去世

　　大熊猫在生前得到人们的喜爱，在死后也得到人们的尊重。对于正常去世的大熊猫，经相关部门和机构的同意，可以申请制作为熊猫标本，这样可以让人们更好地了解大熊猫的身体构造，同时也可留下珍贵的资料，作为日后诊治大熊猫的医学依据。

比一比谁活得更久

自然界的生物都要遵守自然规律，都逃不过生老病死。不同物种的寿命不尽相同，相差悬殊的生命时间，造成了物种对待自然的不同态度。人类一直在探索生命的奥义，对自然界一些生物寿命的研究，可以为物种的延续创造条件。下面就让我们一起来了解一些动物的寿命吧！

①犀牛 / 犀牛的寿命通常在 30 至 50 年。历史的原因导致人们相信犀牛角有所谓的药用价值和经济价值，使得盗猎行为频繁发生，再加上犀牛的繁殖周期漫长，所以犀牛也成了"濒危物种"。②老鼠 / 老鼠的平均寿命为 1 至 3 年，它们成熟早，繁殖周期短，繁殖能力强，在城市、郊外以及田地里随处可见。③蜻蜓 / 蜻蜓是一种古老的昆虫，早在三亿两千万年前就已经出现在这个星球上了。蜻蜓的一生分为不同阶段，幼虫时期能活半年至一年，但成虫的寿命只有 1 至 8 个月。④变色龙 / 变色龙是避役的俗称，雄性变色龙的寿命通常为 6 至 7 年，雌性变色龙的寿命为 4 至 5 年。变色龙的眼部结构特殊，可一只眼向前、一只眼向后，能同时观察不同方向的情况。⑤贝类 / 贝类曾经一度被人类用作流通的货币。贝类种类繁多，不同贝类的寿命也各不相同。有些

类的寿命只有 1 年，有些贝类则可以存活百年以上。⑥乌龟 / 长期以来，乌龟都代表着长寿。乌龟通常能活 100 年左右，有的乌龟可以活到 300 年甚至千年以上。⑦狗 / 狗是人类的朋友，狗的寿命通常为 10 至 15 年。⑧水黾 / 水黾是小型水生昆虫，在湖水、池塘、稻田和湿地中常可以见到。它们的生命极其短暂，只有几天的时间，长一些的也不过 1 至 2 个月。⑨水母 / 水母是海洋浮游生物，它们的身体外形就像一把透明的伞。水母的寿命一般在 5 至 9 个月，但灯塔水母比较特殊，它们在理论上可以永生，即退回到幼年时期再生长。⑩甲虫 / 甲虫是鞘翅目昆虫的统称，约有三十万种之多，是

动物界里最大的一目。有一些甲虫颜色艳丽，很受大家的喜爱，有些人甚至把甲虫当作宠物。甲虫的寿命长短不一，有些甲虫只有几个月的寿命，有些则能活 1 至 2 年。⑪大熊猫 / 大熊猫是我国的"国宝"，平均寿命为 25 年，相当于人类的 70 岁。目前最长寿的大熊猫活到了 38 岁。⑫鸟类 / 鸟的种类繁多，寿命也各不相同。麻雀的寿命通常只有 2 至 3 年，大型鸟类如丹顶鹤可以活到 60 岁。在英国利物浦，有一只名叫詹米的亚马孙鹦鹉活了 104 岁，是鸟类中的老寿星。⑬蜜蜂 / 蜜蜂是动物界中勤劳的代表，工蜂在冬季时能活 3 个月，夏季时却只能活 45 天。蜂王的寿命在 4 至 5 年。

大熊猫有多聪明

大熊猫具有很强的记忆力和空间感知能力，它们可以记住自己的领土、水源和食物来源，并使用嗅觉和听觉来导航。它们还可以通过声音和姿势等方式传达它们的情感和意图，做出很多有趣的动作，是一种非常聪明的动物。

大熊猫的"小聪明"

大熊猫用自己的可爱征服了整个世界，它们憨态可掬的样子和温暾的性格长久以来给人们一种笨笨的感觉，那么大熊猫真的像大家以为的那样又憨又笨吗？当然不是。大熊猫那看起来萌萌的小脑袋里其实装着满满的大智慧！大熊猫的智商到底有多高？造成大熊猫如此性格的原因又是什么呢？

大熊猫的平均智商比大部分犬类还要高一些，相当于三四岁的孩子，个别极具天赋的大熊猫的智商甚至能达到 7 岁孩子的水平。大熊猫虽然看起来憨厚可爱，可是在吃的问题上却很精明，对食物的选择也有自己的主意。比如在吃竹子的时候，它们会选择新鲜的竹子，不吃老掉的竹子。

大熊猫里的"大明星"

　　细数大熊猫家族里的那些大明星,有些会表演杂技,有些会功夫,□些会打篮球……总之各个身怀绝技。大熊猫英英就是这样一位了不□的"杂技明星"。当时上海杂技团需要一只大熊猫来表演杂技,英□被选中了。在驯养员的精心训导下,英英用极短的时间学会了打篮球、□打乐器、举重等表演。

　　第一次登台演出,英英就用诙谐有趣的动作和精湛的表演征服了现场的观众。由于英英精彩的表现,它还被特别安排出国,为全世界人民带去了它的表演。它曾在泰国、加拿大、日本进行杂技表演,为人们带去了无数欢乐。英英的每一次演出都会在当地引起轰动,是当之无愧的"动物明星"!

明星大熊猫

　　凭借着憨态可掬的面容、圆滚滚的身材、黑白配色的毛发，大熊猫从众多动物中脱颖而出，一跃成为顶流明星。它不仅拥有数不胜数的国内铁杆粉，还有不计其数的国际真爱粉，不仅有治愈熊，还有狂野熊、心机熊等，它们每天发生着丰富有趣的故事，一起来看看吧！

狂野熊

大熊猫不只呆萌可爱，还有的十分霸气。这只明星大熊猫一开心就会爬到树顶倒立劈叉，还将"越狱"刻在了 DNA 里。不仅会踩着皮球翻过高高的围墙，还会趁着饲养员开门，拉着其他熊猫偷偷往外溜。它还会举着饭盆敲门提醒开饭，平时还挖地道，养小鸟……它聪明活泼，是名副其实的狂野熊。

心机熊

大熊猫也可以拥有彩色照片，别看这只大明星模样憨憨的，其实心眼儿很多。它心思敏感，就连静静地坐着，眼睛都会闪烁出机智的光芒，耳朵随时警觉地倾听着周围的声音。当它感觉到有人在说话时，它的眼神和耳朵的动作都会毫不掩饰地表达出来，似乎在问：有什么动静？让我听听你们在说什么？

演技熊

这只明星大熊猫的妈妈从小就不在它身边，生活技能都是饲养员教的。由于竹子较硬，饲养员在掰竹子时会通过龇牙咧嘴增加力量，天真可爱的它便觉得只有龇牙咧嘴才能将竹子掰断。别的熊猫掰竹子都十分淡定，只有它每次掰竹子时必须龇牙，有时忘记了龇牙还会在掰完竹子之后补上，演技十足。

颜值熊

大熊猫的长相各不相同，这只生活在大森林动物园的明星大熊猫堪称"熊猫界"的美女。它的耳朵像扇贝壳，脑壳的弧线圆润饱满，脸型像仓鼠，睫毛又长又翘，唇部永远保持微笑，长相甜美。但是它的性格与外形反差大，它脾气有点儿火爆，战斗力也很强，能一拳砸开大铁门，有时还会暴打小伙伴。

治愈熊

这只大熊猫的名气可大了，它长相甜美，性格也十分温顺，虽然经常刚拿到小苹果、窝窝头就被霸道的小伙伴抢走了，辛辛苦苦剥好笋，一眨眼成了小伙伴的口中餐，却从来不生气。它也十分坚强，即使每次爬木架和床时都很吃力，它也不会自暴自弃。两只大熊猫互相依偎的画面十分治愈。

功夫熊

有这样一件神奇的事情：软萌可爱、行动缓慢的大熊猫，到了俄罗斯就血脉觉醒，变成了战斗力爆棚的"战神"，钻吊桶、轮胎健身、手拍雪人、树上蹦迪……十八般武艺样样精通。更有趣的是，在它 2 岁生日时，竟然为了人们的捧场，当场表演了一段难度极高的爬绳索，令人们纷纷惊叹。

大熊猫如何"聊天"

　　大熊猫虽然不是群居动物，但是彼此之间的沟通对它们来说也是十分重要的。大熊猫的沟通方式多种多样，大多数交流都是通过留在栖息地的气味标记来实现的。沉默是另一种交流方式。当大熊猫在玩耍的时候，当它们想简单地表示友好的时候，当它们不需要交配或不想战斗的时候，它们通常不会发出任何声音。

大熊猫如何划分领地

　　和大多数动物一样，大熊猫划分领地的方式是在栖息地中留下自己的气味和痕迹。它们通过在树干上摩擦身体，留下身体的气味来宣告自己拥有栖息地的"主权"。还有一种方式能让气味更清晰、更持久，那就是留下排泄物。此外，它们还会在树上留下抓痕。痕迹不但不易被雨水等破坏，而且还能宣示自己的力量，有力地威慑入侵领地的同类或其他动物。

大熊猫如何寻找伴侣

　　大熊猫的交配期有 2 个月，但发情期只有短短几天，通常在每年的 3 月至 5 月。这期间雌性大熊猫的身体会散发出特有的气味，叫声也和平常有所区别。雄性大熊猫听到这种声音或者闻到了这种气味，就会立刻赶来，在稠密的竹林里，开始进行各种求爱活动。交配完成后，雌雄大熊猫会再次分开，单独生活，妊娠、分娩和育幼等工作由雌性大熊猫独自完成。

大熊猫如何震慑对手

　　在领地的树干上留下抓痕是大熊猫震慑对手最直接的方式。大熊猫的领地范围比较大，平时又总是懒洋洋的，并不能时刻巡视，所以经常会有一些动物贸然进入大熊猫的领地。这些动物会威胁到相对比较弱小的大熊猫幼崽。所以成年大熊猫会在树干上留下抓痕作为对入侵动物的警告。抓痕越是清晰，就越能表明大熊猫的强壮，对其他动物的震慑效果也就越明显。

国宝的食谱

　　我们常常会在动物园里看到大熊猫抱着竹子吃得不亦乐乎。的确，竹子是大熊猫最喜欢吃的食物，约占食物总量的 99%，不过你要是认为大熊猫只吃竹子，那可就错了。事实上，大熊猫是一种以竹子为主食的杂食性动物。它们吃的东西很杂，从竹子到水果，包括肉类，大熊猫都很爱吃。只有充分全面的营养才能保证大熊猫的健康。现在我们就来看看大熊猫的食谱吧！

　　①竹鼠 / 竹鼠也十分爱吃竹子，这让大熊猫很方便就能捉住它们。吃惯了竹子，偶尔换换口味也是不错的。②鱼类 / 虽然大熊猫很少能捕捉到鱼类，但它们还是很喜欢吃鱼的，而且鱼类含有的各种营养元素也是大熊猫非常需要的。③鸡蛋 / 鸡蛋虽然小，里面的营养却不少。鸡蛋可以补充大熊猫所需要的蛋白质和脂肪。④红薯 / 红薯香甜可口，大熊猫怎么能拒绝得了呢？⑤鸟类 / 大熊猫虽然行动缓慢，但它们可是爬树的高手，所以一些鸟类，特别是雏鸟就成了它们食谱中的常客。⑥肉类 / 大熊猫的祖先是肉食动物，后来虽然逐渐演化为杂食性动物，但吃肉的天性还是没有改变。⑦玉米 / 玉

米的口感香甜，营养丰富，还可以为大熊猫补充足够的能量，是非常不错的食物。⑧蘑菇 / 蘑菇的营养含量非常高，在野外也找得到。不过有些蘑菇是有毒的，这对大熊猫来说可是非常危险的。⑨香蕉 / 香蕉香甜软糯，口感很好，是大熊猫最喜欢的水果之一。⑩苹果 / 大熊猫很喜欢吃甜食，苹果是富含糖分、高纤维、矿物元素和维生素的食物，因此很受大熊猫喜欢。⑪粗粮 / 在人工饲养的环境里，大熊猫不必为食物发愁。饲养员会精心准备大熊猫每一餐的食物。粗粮是必不可少的食物，可以均衡大熊猫所需要的各种营养。⑫黄瓜 / 黄瓜是富含水分的蔬菜，无论是口感和味道，都会让大熊猫吃得停不下

来。⑬白菜 / 白菜的味道好，营养高，饲养员会定期为大熊猫准备新鲜的白菜。⑭胡萝卜 / 胡萝卜的优点实在太多了，丰富的胡萝卜素会帮助大熊猫健康成长。⑮牛奶 / 由于一些大熊猫第一次当妈妈，难免会手忙脚乱，大熊猫幼崽只能靠饲养员喂食牛奶才能茁壮成长。⑯蜂蜜 / 又香又甜的蜂蜜常常让大熊猫直流口水。⑰枣 / 枣虽小，却浑身都是宝，含有丰富的蛋白质、脂肪和糖类。⑱竹笋 / 竹笋是大熊猫心中最重要的美味，大熊猫不仅爱吃而且会吃，它们扒掉竹笋外皮的动作，别提多熟练了。⑲甘蔗 / 甘蔗富含水分和糖，对大熊猫身体的新陈代谢有很大好处。

国宝的粪便也是宝

由于消化系统构造的原因，大熊猫随时随地都有可能拉便便。不过大熊猫的便便也有重要的作用。科学家可以根据大熊猫便便的情况来判断这一地区大熊猫的数量，还可以根据大熊猫便便中的寄生虫来判断它们的健康状况。除了科学研究，大熊猫的便便还有许多用途，且有极高的经济价值。

茶与大熊猫都源自中国，它们之间会碰撞出怎样的火花呢？大熊猫粪便茶是世界上最贵的茶之一。大熊猫粪便茶并不是用大熊猫的粪便制成的茶，而是以大熊猫粪便对茶树进行施肥，这种肥料肥效很高，一年只需施肥一次就能达到茶叶芽头肥壮的效果。千万不要以为这种茶会让人嫌弃，事实恰恰相反，这种茶不但十分受人们欢迎，而且很多人都以能喝到这种茶感到自豪，认为能喝到大熊猫粪便茶是身份的象征。有人可能会问，粪便不臭吗？不用担心，大熊猫的粪便不仅不臭，还有淡淡的清香。这是为什么呢？

这是因为，大熊猫的肠道很短，又缺少消化纤维素的酶，竹子在大熊猫的体内得不到充分的消化，没有消化完的竹子就被当成粪便排出体外，粪便之中还存有许多竹子碎片，所以，大熊猫的粪便不仅没有异味，反而有一种竹子的悠悠清香。喜爱大熊猫的粉丝们还给大熊猫的粪便取了一个雅致的名字——青团。一些地方还将大熊猫的粪便作为制作纸张的原材料。大熊猫粪便纸无论是在日常使用中，还是作为书写的专用纸张，都有它得天独厚的优势，清香柔软、坚韧纤润就是它的特点。

大熊猫不愧是"国宝"，浑身上下都是宝，就连人人都避之唯恐不及的粪便也有独特的妙用。如今，能源问题是全世界都急于攻克的难题，谁找到一种既清洁又高效的新型能源，谁就能掌握未来发展的主动权。科学家们在大熊猫的粪便中发现了机遇。有科学家称，他们已经在大熊猫的粪便中找到了一种微生物，可以有效地打破坚硬的植物细胞壁，高效地把植物纤维材料分解成简单糖类，然后经由其他细菌发酵而产生可用作替代能源的物质。这一发现有助于降低生物燃料的生产制造成本，从而带来极高的经济价值。

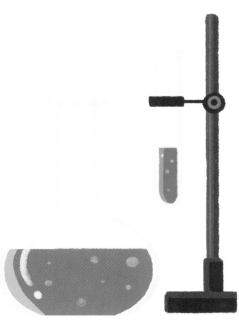

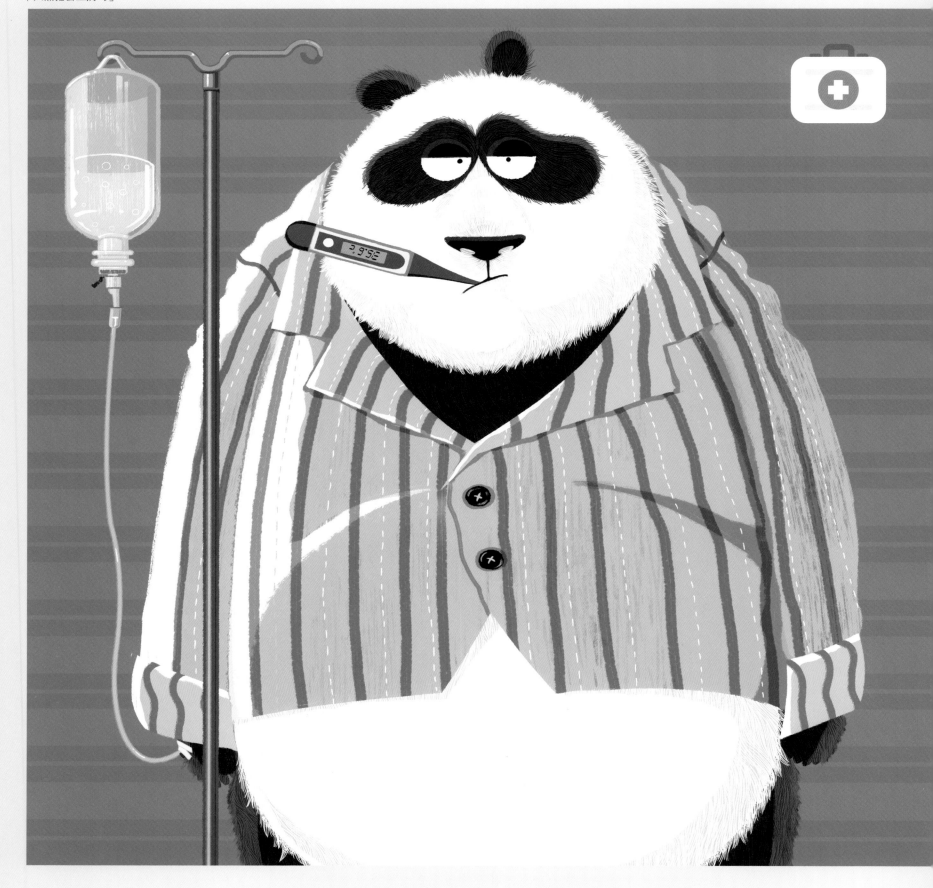

大熊猫会生病吗

　　生老病死是绝大多数生物都难以避免的自然规律，在自然状况下，疾病可能是影响大熊猫生存的最大危害。消化系统、呼吸系统、神经系统、造血系统的疾病往往是致命的，各种肿瘤、体内外寄生虫病和皮肤病及外伤等，都会影响大熊猫的健康和寿命。每一只大熊猫都是珍贵的宝贝，为大熊猫营造良好的生活环境是每一个大熊猫基地的工作重心，也是每一位工作人员努力的目标。

　　预防和治疗大熊猫的疾病其实并不是一件容易的事情。大熊猫虽然平日里憨态可掬，看起来十分温顺，可一旦发起怒来是非常凶猛和难以控制的。就算是生病的大熊猫，一般人也难以靠近，只有通过麻醉让大熊猫进入深度睡眠状态，才能完成对大熊猫的检查、诊断和治疗。一支优秀的大熊猫医疗团队需要配备优秀的麻醉师，还需要多方人员的互相配合才能最大程度保证大熊猫的健康。

寄生虫

目前，科学家已经发现了16种大熊猫体内寄生虫和18种大熊猫体外寄生虫。野外的生存条件比较苛刻，寄生虫是威胁野生大熊猫生命健康的主要病因。而圈养大熊猫由于享有良好的医疗护理环境，所以寄生虫对它们并不足以构成威胁。

消化系统

大熊猫是杂食性动物，但消化系统依然保留着食肉动物的特征，如短肠、胃部结构简单等。大熊猫的消化系统中缺乏消化纤维素的相关消化酶，所以在消化方面并不乐观。常见的疾病有肠胃炎和急腹症。长期咀嚼质地坚硬的竹子还会导致臼齿残缺不全。

传染病

传染病对大熊猫的伤害十分严重，对种群健康和生命安全具有极大威胁，会给整个大熊猫圈养种群造成非常惨重的损失甚至是毁灭性的打击。科学家们通过多年努力，在大熊猫已知传染病的治疗和预防上已经取得了重大突破，许多疾病已经可以杜绝和根治。

营养代谢

大熊猫的营养代谢率十分低，甚至比树懒还要低许多。这是有原因的。最初的大熊猫是食肉动物，随着食物的减少，大熊猫逐渐变成杂食性动物。很少有动物会吃的竹子就成了它们的食物，这样也利于降低物种之间的竞争性。

呼吸系统

大熊猫常见的呼吸系统疾病主要是感冒和上呼吸道感染，在每年秋冬交替季节多发。早期表现为打喷嚏、流清水样鼻涕，并伴有厌食、精神沉郁等一系列症状，后期为发烧及流浓鼻涕等。不过随着医疗护理条件的日益成熟，这种疾病已经不足以威胁大熊猫的健康了。

神经系统

大熊猫的神经系统疾病主要体现在癫痫病方面。癫痫病是大脑神经系统突然出现异常的放电导致的神经系统功能障碍。癫痫病会严重损伤中枢神经系统，引起感觉、运动、自主神经、精神行为的异常。著名的大熊猫"雷雷"就是因为癫痫病发作，最终抢救无效死亡的。

"打架"高手

大熊猫黑白分明的皮毛、憨态可掬的样子，还有可爱滑稽的动作，得到了全世界人民的喜爱。大熊猫的形象也经常被用作各种重要场合、活动和赛事的吉祥物或者标志，因为它们令人愉悦的形象已经深入人心了。可是大熊猫真的像看起来那样温顺吗？

大熊猫有好脾气并不代表它们好欺负。成年大熊猫的体重通常在125千克左右，有些甚至可以达到180千克。尽管在面对危险的时候它们总是显得很谨慎，可是一旦它们的领地被入侵，或者幼崽受到威胁，它们的战斗力就开始显现。我们会发现，原来大熊猫也很可怕。

大熊猫的战斗力

适者生存是大自然的法则。在残酷的生存环境中想要安稳地活下来可不是一件特别容易的事情，所以每种动物都有它们的生存之道。大熊猫具有黑白相间的外表，可以很好地在密林中隐藏自己；强有力的前后肢可以使它们快速攀爬；虽然大熊猫的视力不是很好，但是嗅觉却非常敏锐，能够闻到几千米外的气味，在夜晚时分也能凭借嗅觉活动自如。

大熊猫的速度

大熊猫虽然体重在 100 公斤以上，看起来十分笨重，但它们攀爬的速度并不慢，可以轻松爬上 20 米高的大树。别看它们平时行动迟缓，实际上，它们的奔跑速度能达到每小时 40 千米以上。当它们在野外遇到危险时，在山林中穿梭的最快速度甚至能够达到每小时 50 千米，田径运动员恐怕也追不上它们。如果在平地，它们奔跑的速度甚至可以超过摩托车的速度。

大熊猫的咬合力

大熊猫有强大的咬合力。在动物界中，它们的咬合力和狮子相差无几，比豹子和鳄鱼强很多。在熊类中，只有北极熊的咬合力能强过大熊猫。竹子是一种十分坚韧的植物，多用来制作家具和工具，很少有动物把竹子当成食物，也只有具有强大咬合力的大熊猫才吃得了竹子，这同样是大熊猫的生存智慧之一。

大熊猫的防御力

大熊猫自身的防御力极强，它拥有一身长长的、厚厚的皮毛，平均厚度在 5 毫米以上，最厚处可达 10 毫米。它的皮肤也极富弹性，可以保护大熊猫不受寒冷和摔跤等伤害，平时从七八米高的树上掉下来是常有的事，但是它毫发无损，翻个身就走了，和其他动物斗争时也不容易受伤。

大熊猫，当心咯！

大熊猫身处自然界中，免不了和一些动物存在捕食或竞争关系，有些动物甚至会威胁大熊猫的生存。尽管成年大熊猫的战斗力不容小觑，但熊猫幼崽和年老的熊猫往往会成为这些动物的捕猎目标。

①**红隼** / 红隼双翅狭小而尖锐，尾部较长，栖息于山地和旷野中，一般会单个或成对活动，飞行较高，是比利时的国鸟。红隼与大熊猫之间有着特殊的关系，它会在大熊猫的领地上捕猎，大熊猫也会从它的猎物中分一杯羹。②**大灵猫** / 大灵猫的性格谨慎，听觉和嗅觉灵敏，善于游泳，为了捕获猎物经常潜入水中，但主要在地面上活动。③**亚洲黑熊** / 亚洲黑熊的视觉很差，但嗅觉和听觉十分灵敏，胸部有一块 V 字形白斑。④**石貂** / 石貂的体形偏小，体长通常在 50 厘米以下，喉部有大面积斑纹。它们四肢短粗，爪子有 5 个趾头，由于被捕猎，目前野外已经很难看到它们了。⑤**赤狐** / 赤狐的足迹遍布北半球，喜欢单独行动，常在夜间活动和觅食。它长长的尾巴既可以防潮，又可以保暖。虽然名为赤狐，但它也可能发展出其他颜色，包括白化和黑化。⑥**金猫** / 金猫有很漂亮的毛色，种类有亮红色的红金猫、灰棕色或暗灰色的灰金猫及全身斑点的花金猫。多数金猫两眼内侧各有一条带黑边的纵向白纹，额部有黑褐色与灰色相间的纵纹，从眉弓处延伸至头部后方。⑦**小灵猫** / 小灵猫的毛色为灰黄或浅棕色，颈部有黑褐色横条纹，尾部有黑棕相间的环纹。它们多栖息在低山的森林、阔叶林等，喜欢吃老鼠、青蛙和鸟类，偶尔也吃水果。它们一般在晚上或清晨活动，白天则躲在树洞或石

洞中休息。⑧**黄喉貂** / 黄喉貂的体形虽小，性情却十分凶猛，甚至□以捕食比自己体形还大的草食动物。它们一般在春季繁殖，每胎□育 2 只幼崽，平均寿命在 14 年。⑨**猞猁** / 猞猁的外表像猫，但□猫大很多，属于中型猛兽。它们不畏寒冷，喜欢生活在寒冷的高□上，它们的巢穴多筑在岩缝石洞或树洞内。⑩**雪豹** / 雪豹是大型□科肉食动物，常在雪线附近和雪地间活动，有"雪山之王"的称□。⑪**云豹** / 云豹并不是豹，而是单独的云豹属动物，它们的牙齿□构和已经灭绝的剑齿虎很相似。⑫**豺** / 豺的身形比狼小一些，和□差不多。它们不怕冷也不怕热，虽然分布广泛但是数量比较稀少。

⑬**狼** / 狼是一种有着严格等级制度的群居动物，大多数都是以家庭为单位活动。⑭**虎** / 虎是山地林栖动物，性格凶猛。额头上有王字形斑纹，故有"森林之王"的称号。⑮**豹猫** / 豹猫在中国也被称作"钱猫"，因为其身上的斑点很像中国的铜钱。豹猫的体型和家猫相似，但身形纤细，腿也更长。⑯**豹** / 豹家族中，华北豹是中国特有的，所以也称中国豹。它们没有固定的巢穴，常常栖息在山地、荒漠、草原等地，尤其喜欢茂密的森林。它们体型较大，感官发达，动作敏捷，力量惊人，在捕杀猎物时异常凶猛，大熊猫遇到华北豹可能会处于一定的劣势。

和大熊猫亲密接触

如果有人问，世界上什么动物最可爱，那么大熊猫一定是答案之一。大熊猫集万千宠爱于一身，它们的一举一动都牵动着中国人的心。它们还曾作为我国的"外交特使"，为增进我国与世界各国之间的友谊做出了贡献。可见，人人都对大熊猫的可爱毫无抵抗力。

虽然大家都喜欢大熊猫，可并不是谁都能近距离接触它们。那么应该如何表达自己对大熊猫的喜爱之情呢？其实方法有很多，喜欢大熊猫未必要拥有它们，如果可以通过其他方式来感受大熊猫的可爱，也不失为一种表达喜爱之情的办法。

参观熊猫基地

想要了解大熊猫，我们可以去熊猫基地等地方进行参观，向专业的工作人员请教如何与熊猫互动，增加与大熊猫的接触机会。在此期间，通过专业人员的讲解，了解大熊猫的习性、爱好，并仔细研究大熊猫的行为、饮食等。我们也可以探究大熊猫喜欢的竹子类型，并为它们种植，这不失为一种表达喜爱的方式。

当志愿者

很多人对大熊猫的喜爱到了痴狂的地步，在业余时间自愿担任志愿者，去那些对大熊猫还不太了解的地区甚至是国家进行义务宣传。志愿者对大熊猫的事情了如指掌，致力于以大熊猫为载体的保护教育工作。正是因为有了他们的付出，大熊猫已经被越来越多的人所了解、接受和喜爱。

利用新媒体途径

随着科技日益进步，视频直播已经深入我们日常生活的点点滴滴，从购物到娱乐，都可以通过直播来完成。新兴的科技也不再是年轻人的专利，通过直播的形式来了解和欣赏大熊猫成了越来越多熊猫爱好者的首选。足不出户就可以实时了解到大熊猫的一切，既节省时间、经济等成本，又可以近距离观看大熊猫可爱的姿态，真可谓一举两得。

应聘饲养员

表达对大熊猫的喜爱之情最直接的方式，就是去大熊猫饲养基地应聘大熊猫饲养员了。如果应聘成功，经过具体的培训后就可以在这里近距离享受和大熊猫相处的美好时光，可以亲手照顾它们，从饮食标准到居住环境，表达出自己对大熊猫浓浓的爱意。就连看起来十分辛苦的清洁工作，在这里都变得充满了乐趣。爱它，就来照顾它吧！

饲养员的自我修养

想要成为一名合格的大熊猫饲养员，除了要拥有一颗热爱大熊猫的心，工作时所需要的工具和装备也是必不可少的。合适的装备和工具不仅能提升工作效率，还可以为大熊猫提供更优质的生活。

①**靴子** / 穿上靴子就不怕在较脏的环境中行走了，便于饲养员完成清理工作。②**手套** / 使用手套既可以保证清洁时环境的卫生，也能保证饲养员自身的卫生。③**水桶** / 水桶是清扫时用来盛水的重要工具。④**头套** / 头套可以确保饲养员的头发不留在大熊猫的生活环境中。⑤**口罩** / 口罩可以有效避免饲养员吸入灰尘，也可以减少细菌的传播。⑥**铲子** / 铲子的作用很大，可以清理垃圾、粪便及食

物残渣，也可以清理地面上难以处理的脏东西。⑦刷子 / 刷子是清洁地面的主要工具，用来洗刷尘土和残留的粪便。⑧工作服 / 工作服可以保护饲养员在工作中不沾染污渍。⑨胶皮水管 / 胶皮水管的灵活性极好，可以将大熊猫生活环境中最细微的角落冲洗干净，也可以完成大熊猫身体的简单清洗。⑩扫帚 / 扫帚能将地面上的竹叶等食物残渣以及其他垃圾聚集起来。⑪记录簿 / 记录簿是记录大熊

猫日常活动和健康情况的工具。⑫医疗箱 / 医疗箱里的药品可以及时救助发生意外的大熊猫。⑬食物篮 / 食物篮是盛装大熊猫食物的工具，大熊猫一天要吃很多东西。⑭熊猫服 / 熊猫服是亲近大熊猫的装备，饲养员会穿上熊猫服接近需要近距离接触的大熊猫。⑮奶瓶 / 奶瓶是大熊猫幼崽才会用到的，饲养员用装满奶的奶瓶喂养它们。⑯毛刷 / 毛刷是清理和梳理大熊猫毛发的工具，通常是金属材质的。

来当一天饲养员

"国宝"大熊猫的生活起居需要精心照料,饲养员的工作真是辛苦又幸福。那么饲养员的一天又是如何度过的呢?

清晨,饲养员首先观察大熊猫的精神状态,无异常后就开始打扫卫生了,因为屋舍里被这些淘气的家伙弄得一片狼藉,清扫粪便也是为了它们的健康着想。接着要为大熊猫准备食物,既要考虑大熊猫的口味,又要兼顾营养的均衡。天气好的时候要让它们去屋舍外自由活动,使它们充沛的精力得以释放。

中午到下午这段时间，大熊猫最喜欢做的事情就是吃和睡，饲养员也要悉心守护。每日做好关于大熊猫的养护记录，详细记录大熊猫的日常状况，有利于及时发现它们可能出现的突发状况。夜晚，大熊猫进入了梦乡，可饲养员的工作仍在继续。值班人员会随时待命，无时无刻不在为熊猫的成长付出努力。

中国国宝本领大

　　大熊猫是中国独有的易危物种，也是孑遗生物，对人类来说是极其珍贵的。什么是孑遗生物呢？孑遗生物指的是某些在地质年代中曾经繁盛一时，广泛分布，而现在只限于局部地区，数量不多，有可能灭绝的生物。

　　既是中国独有又是孑遗生物的动物还有很多，比如世界上最小的鳄鱼——扬子鳄，还有江豚、中华鲟等，植物中的孑遗生物还有水杉和银杏。这些孑遗生物都是十分珍稀的物种，可为什么只有大熊猫才被称为"国宝"呢？我们来看看大熊猫身上的中国元素吧！

黑白相合的太极图

黑与白是自然界中最常见的两种颜色，这两种看起来既普通又普遍的色彩却包含了天地之间无穷的变化。中国在很早很早之前就洞察了这份奥秘。同样是黑白构成的颜色，大熊猫和太极图的缘分已结下数千年。太极图是中国古代儒家和道家智慧以及思想的高度概括，总结了芸芸众生的生活态度，还有世间万物的现象和本质，是古代哲学体系的高峰。《庄子》和《易经》中都出现过"太极"一词。太极图影响了中国思想数千年，直到现在依然备受推崇，是最能代表中国传统文化的符号标志。

让世界各国为之疯狂的萌物

大熊猫在动物界中的地位无可撼动，不仅在中国享受"国宝"级待遇，也令世界各国民众疯狂。由于大熊猫旅居国外的条件十分严格，所以在国外的动物园中，大熊猫的身影难得一见，有些动物园只好将其他动物打扮成大熊猫的样子。游客们为了一睹大熊猫的风采，常把动物园围得水泄不通，让其他动物黯然失色。而且我国的大熊猫向来是只租不送，合同到期了就要送回国内，所以不管国外有多少大熊猫，它们都是"中国国籍"。

玩转可爱的艺术

在动物界中，漂亮的动物数不胜数，可要是论可爱，大熊猫绝对当仁不让。它们不仅外表憨厚，举手投足间更是透着十足的萌感，令人忍俊不禁。大熊猫深入人心的可爱形象受到了世界各国人民的追捧：有关大熊猫的纪录片引爆全网；大熊猫的图书、绘本等读物永远是畅销品类；大熊猫形象的玩具、生活用品等周边产品深受消费者的喜爱；大熊猫主题的动画片永远是小朋友们的最爱；就连好莱坞都无法抗拒大熊猫的影响力，动画电影《功夫熊猫》不断刷新票房纪录。

它们也需要保护

它们也需要保护

大熊猫是世界的珍稀物种，也是野生动物保护的旗舰物种。除了大熊猫，还有许多珍稀动物，下面我们就来认识一下它们吧！

①**丹顶鹤**/丹顶鹤是大型涉禽，被誉为"湿地之神"，在中国是祥瑞、

长寿的象征。②**隼**（sǔn）/隼十分凶猛，飞行能力极强，视力极好，在鸟类中处于食物链顶端，几乎没有天敌。③**东北虎**/东北虎是体型最大的猫科动物，额头上的王字斑纹是它们最显著的特征。④**双峰驼**/双峰驼可以很长时间不喝水，它们能将驼峰内的脂肪转化成水和热量，有"沙漠之舟"的称号。⑤**朱鹮**（huán）/朱鹮拥有洁白的羽毛、红色头冠及黑色的长嘴，它们性格孤僻，除了起飞时偶尔会叫一声，平

十分安静。⑥**梅花鹿** / 梅花鹿因为身上有梅花一样的花纹而得名，雄性梅花鹿有树杈一样的角。⑦**长臂猿** / 长臂猿因手臂特别长而得名，主要生活在热带雨林中。它们能依靠自己的手臂在树林里荡来荡去。⑧**藏羚羊** / 藏羚羊主要生活在中国的青藏高原地区，2008 年北京奥运会吉祥物中的福娃迎迎便是以藏羚羊为蓝本设计的。⑨**金丝猴** / 金丝猴是我国特有的珍贵动物，生活在高海拔地区，身上金黄色的皮毛有

极强的耐寒性。⑩**扬子鳄** / 扬子鳄是中国特有的珍稀物种，也是世界上最小的鳄鱼品种。⑪**亚洲象** / 亚洲象是亚洲现存最大的陆地生物，体重最大能达到 5 吨。⑫**河狸** / 河狸善于游泳，大多生活在气候温润的森林中，常以平缓的河流为栖息场所。⑬**云豹** / 云豹常在夜间活动，它们爬树能力极强，能捕食鸟类、猴子和兔子等小型动物。它们是独立的云豹属动物。

MESSENGER
OF PEACE
和平的使者

大熊猫作为外交代表，维护中国与各个国家的友谊的传统由来已久，早在唐朝时就有过记载。大熊猫的"国宝"称号真是实至名归。

第一个向西方介绍大熊猫的外国人

法国传教士阿尔芒·戴维是第一个将中国的大熊猫介绍给世界各国的外国人。1869年，他在当时的雅安宝兴发现了大熊猫，并将大熊猫的标本带回法国，轰动了整个生物界。为了纪念他，雅安宝兴县人民政府还与戴维的家乡签订了建造"戴维纪念馆"的协议。

第一个把活体大熊猫带到外国的人

1936年，美国的露丝·哈克尼斯女士在四川的一个树洞里发现了一只大熊猫幼崽，她以宠物狗的名义报关，将大熊猫幼崽私自带到了美国。此后，再也没有人能将大熊猫带出国了。新中国成立后，出于友好目的，中国会将大熊猫租借到其他国家，但所有大熊猫的归属权都在中国。

古代的大熊猫外交

唐朝时期，中国的经济、文化和科技都处于世界领先地位。到了武则天时期，国力更是达到空前的高度，邻国纷纷派来使节向唐朝示好。据史料记载，大熊猫曾被武则天当作回礼，赏赐给前来朝拜的使节，这也是大熊猫作为外交手段的最早记录。在日本的《皇家年鉴》中也有详细记述，武则天赠给当时的天皇两只大熊猫和70张大熊猫的毛皮。

中华民国时期

抗战时期，美国联合救济中国难民协会作为由美国政府支持的一家民间机构，为中国提供了许多重要物资。宋美龄以政府的名义赠予该机构两只大熊猫以表示感谢。

新中国时期

新中国成立之后，大熊猫依然享有极高的地位。首先，它们作为国礼，维护着新中国与其他国家的关系。其次，它们以借展的方式走出国门，是宣传新中国面貌的手段。此外，大熊猫还会用于科研目的的交流合作，这样可以更好地保证大熊猫的延续。

珍贵的国礼

在新中国刚刚成立之际，为了感谢苏联对于中国在战争时期以及新中国成立初期的帮助，政府将大熊猫"平平"作为国礼赠予苏联。

为出使各国的大熊猫选择配偶向来是一种传统，在将平平赠予苏联的两年后，中国又将大熊猫"安安"作为平平的配偶赠予苏联。

美国总统尼克松访华

1972 年 2 月 21 日，时任美国总统尼克松访华，中美关系开始走向正常化。为了增进两国之间的友谊，大熊猫"兴兴"和"玲玲"被赠予美国人民。总统夫人第一次见到熊猫的时候激动不已，显然已经被它们的可爱征服了。

最著名的熊猫特使

每一只大熊猫都是独一无二的，都是珍贵的国宝。出使各国的大熊猫也都是经过精心挑选的，不过要说最为著名的大熊猫特使，那一定是熊猫"姬姬"。它是奥地利动物商海尼·德默以三只长颈鹿、两只犀牛以及河马、斑马等，与北京动物园换得的一只雌性大熊猫。世界自然基金会徽标就是以姬姬为原型设计的。

去往各国的熊猫大使

1965 年至 1980 年，大熊猫"一号"、"二号"、"丹丹"、"凌凌"和"三星"被相继赠予朝鲜。

1973 年 12 月，大熊猫"燕燕"和"黎黎"被赠予法国。它们也是第一对去往法国的大熊猫。

1975 年 9 月，大熊猫"迎迎"和"贝贝"被赠予墨西哥，这是中国和墨西哥两国友谊的象征。

1978 年 9 月，西班牙国王和王后第一次对中国进行访问，中国将大熊猫"绍绍"和"强强"作为国礼相赠。

1980 年和 1982 年，大熊猫"欢欢"和"飞飞"出使日本，五年后它们的孩子"初初"在日本出生。

1980 年 11 月，应当时联邦德国总理的请求，中国将大熊猫"宝宝"和"天天"赠送给联邦德国。

桃花运最差的特使"宝宝"

大熊猫无论在哪个国家的动物园都是最受欢迎的动物，是当之无愧的"镇园之宝"。德国柏林动物园的大熊猫"宝宝"自然也是万众瞩目的动物明星。初到联邦德国的时候，当地还为它举行了一个十分隆重的欢迎仪式。虽然在动物园中无忧无虑，但是宝宝的感情生活并不顺利，和它一起来到德国的雌性大熊猫"天天"早早夭折。为了给宝宝寻找合适的伴侣，动物园方面费尽了心思，甚至不辞辛劳地将宝宝送到英国伦敦动物园，与那里的雌性熊猫"明明"相见。但这两只大熊猫并不友好，一见面就打得不可开交，差点儿造成难以挽回的损失。

"熊猫外交"退出历史舞台

大熊猫作为外交特使，在新中国成立初期成为中国与世界各国维系友谊的纽带。先后共有 9 个国家获赠 23 只大熊猫。1982 年后，出于对大熊猫的保护，中国停止了向外国赠送大熊猫的做法，历史悠久的"熊猫外交"画上了句号。目前，中国仅以合作研究的方式将大熊猫送到国外。用于合作交流的大熊猫在选择上也是慎之又慎。它们在国外居住的时间不会超过 10 年，在国外生下的大熊猫宝宝也属于中国，3 岁后就要回到祖国。

大熊猫以它得天独厚的外表、温和可爱的性格，在特定的历史时期发挥了至关重要的作用，注定会在中国历史的进程中留下浓墨重彩的一笔。

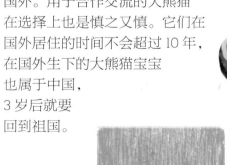

大熊猫出行记

大熊猫十分珍贵，即便放眼全世界也是无价之宝。曾经，大熊猫作为"外交大使"被当作国礼赠送给国外，用来维系两国之间的友谊，受到各地民众的高度关注和喜爱。如今，我国已取消了大熊猫的赠予及商业借展，唯一让大熊猫走出国门的方式是以科学研究为前提的合作。然而，要将大熊猫送达研究地，必须经历长途运输，那么，如何确保大熊猫的健康和安全呢？

1/ 大熊猫出行很威风，不仅有特定的运输集装器，还随身携带"行李"，饲养员会提前将运输集装器放在圈舍里，大熊猫适应箱内的环境和气味后，饲养员用胡萝卜等熊猫爱吃的食物吸引它，它便会乖乖进入笼中，而且情绪十分稳定。

2/ 运输集装器在制作过程中层层把关，笼箱内部空间大，大熊猫可以站立、坐、卧、转身等，还能伸懒腰呢！笼箱内布满透气孔，满足通风的要求，保证大熊猫呼吸顺畅。另外，将笼箱安置在主货舱中部，不仅能满足笼箱装载、人员行动的空间需求，也能为大熊猫带来舒适平稳的飞行体验。

3/ 装入货车后，大熊猫就可以从大熊猫保护基地或动物园向机场出发了。这个过程也需要格外留心。如果货车驾驶不平稳或紧急刹车，极其容易激怒或惊吓到大熊猫，所以货车一定要平稳行驶，避免发生突发状况。

4/ 在飞行途中，一直照顾大熊猫的饲养员和兽医会全程贴身陪护，对大熊猫进行安抚，还会准备大量大熊猫喜欢的食物，大熊猫在旅途中不会饿肚子，就连紧张焦虑的情绪也会得到舒缓。随行的飞行骨干专业性非常强，他们会保证舱内的温度不低于10℃，并确保飞行平稳，尽最大可能让大熊猫感到舒适和安全，真是辛苦他们了！

5/ 大熊猫抵达目的地后，不能立刻下飞机哦，医疗检疫团队需要再次上阵，检查大熊猫的身体情况。等确认大熊猫的情况符合标准后，装卸团队才会着手对大熊猫进行妥善处理。整个过程也需要工作人员小心谨慎地进行，确保大熊猫不会受到惊吓。

6/ 接下来还是要靠货车将大熊猫运送到指定地点。经过一系列漫长的运输过程，大熊猫已经十分疲惫了，情绪也可能会不稳定，所以运送大熊猫的货车必须平稳匀速地行驶。特别是车厢需要保证足够的静音性，避免外界汽车鸣笛、游客呼喊等声音惊扰到大熊猫。在顺利到达目的地之后，大熊猫才算真正到家了！

走出国门的大熊猫

　　大熊猫是中国特有的动物，在从濒危动物变成明星动物的过程中，走出了国门，走向了世界。很多国家都以拥有一只大熊猫为荣，他们等待多年，就是为了能从我国租到一只大熊猫。只是大熊猫极其珍贵，旅居国外的条件自然十分严格，有的国家申请了多年也没有得到一只。现在，我们就跟随大熊猫的脚步，看看它们曾经去过多少国家吧！

　　①加拿大 / 大熊猫"二顺"和"大毛"于 2013 年飞抵加拿大，先后在多伦多动物园和卡尔加里动物园安家。2020 年，两只大熊猫回到中国。②美国 / 美国的华盛顿国家动物园里有两只大熊猫"美香"和"添添"，它们在动物园里悠闲自得。③英国 /2011 年，大熊猫"甜甜"和"阳光"抵达英国，开始为期 10 年的交流生活。④芬兰/芬兰艾赫泰里动物园的大熊猫"华豹"和"金宝宝"非常受大家的喜爱，在情人节的时候游客还为它们准备了特别的庆祝活动。⑤德国 / 德国柏林动物园的大熊猫"梦想"和"梦圆"可是一对双胞胎哦。⑥法国 / 法国的一家动物园本来游客稀少，但是自从得到大熊猫之后，动物园变得异常火爆，门票价格都

涨了好几倍。⑦**西班牙** / 西班牙的马德里动物园中，大熊猫是当之无愧的动物明星。⑧**奥地利** / 在奥地利维也纳美泉宫动物园里，有一只大熊猫画家——阳阳，它的艺术天赋被游客认可，画作十分畅销，经常被游客抢购一空。⑨**荷兰** / 荷兰欧维汉兹动物园的大熊猫"武雯"生下了熊猫宝宝"梵星"。人们还为它们建造了一座宫殿一样的主题馆。⑩**比利时** / 比利时天堂动物园出生的大熊猫"天宝"是第一只在比利时出生的大熊猫，寓意"上天赐予的宝贝"。⑪**澳大利亚** / 在澳大利亚阿德莱德动物园中居住的大熊猫很幸福，过生日时，不仅有很多游客为它唱生日歌，工作人员还会准备丰盛的生日宴。⑫**泰国** / 泰国的清迈动物园中也能见到大熊猫，那里的气候虽然炎热，但是应该很受大熊猫的喜欢。⑬**韩国** /2020 年 7 月，旅居韩国的大熊猫"爱宝（华妮）"产下了"福宝"，这是在韩国诞生的首只大熊猫幼崽。⑭**日本** / 日本东京都恩赐上野动物园的大熊猫馆前，每天都会被游客围得水泄不通，连动画片中都有排队看大熊猫的场景。⑮**新加坡** /"凯凯"与"嘉嘉"是新加坡动物园里的大明星，人们还为了它们建造了中国风的大房子。⑯**丹麦** / 丹麦的哥本哈根动物园为了表达对大熊猫的重视，将熊猫馆按照极具中国元素的太极图案设计。

世界为大熊猫而疯狂

日本

大熊猫在日本人民心中的地位极高,当大熊猫第一次到达日本时,整个日本为之沸腾。日本某动物园曾得到一只大熊猫,日本民众为了一睹大熊猫的风采,数千人竟然彻夜排队,第二天更是将熊猫馆围得水泄不通。日本人气动画片《樱桃小丸子》的其中一集就将这一场面完美还原。日本民众之所以对大熊猫如此喜爱,是因为他们认为大熊猫是大自然慷慨的馈赠,而大熊猫也会给人们带来无尽的运气。

印度

印度的自然环境不适合大熊猫的日常生活,因此印度没办法拥有大熊猫,但是这并不妨碍印度民众对大熊猫的喜爱。在他们多次租赁未果后,便开始自己想办法造大熊猫,一些动物园竟然将其他动物装扮成大熊猫的样子。大象、鳄鱼等完全不像大熊猫的动物也会被装扮起来。这些"大熊猫伪装者"十分受人们欢迎。这些行为虽然令人有些哭笑不得,但也足以展现印度人民对大熊猫的热爱达到了疯狂的程度。

印 度

比利时

比利时

　　比利时是以浪漫著称的国度，在表达爱时往往热烈而直接。在对熊猫的态度上，比利时人民毫不掩饰他们的狂热和喜爱。经过数年的商谈，比利时终于租借到了他们梦寐以求的大熊猫，但是把熊猫安置在哪座城市的动物园里却成了一个十分棘手的问题。比利时的两个地区开始竞争大熊猫的最终归属，双方都拼命表达对于大熊猫的喜爱，一度吵得不可开交。矛盾的不断升级险些令这两个地区发生剧烈的冲突。

荷兰

　　要论对大熊猫的重视程度，荷兰当仁不让。当荷兰终于得到了他们苦求数年的大熊猫之后，在举国欢庆之余便开始考虑为大熊猫设计建造一个舒适的家。荷兰人民对大熊猫的慷慨到了不可思议的地步，这个"家"真可谓极度奢华，其规模之大，称之为宫殿也不为过。熊猫的宫殿风格以中式建筑为主，里面的中国元素也比比皆是。这不仅表达了荷兰人民对大熊猫的喜爱，更表达了他们对中国传统文化的尊重。

为什么叫"大熊猫"

在中国，一提到大熊猫，每个人的脑海里都会浮现出黑白相间、可爱又憨厚的动物形象。其实按照科学的说法，大熊猫应该叫作"猫熊"。至于为什么叫大熊猫，其中有一种说法是源于一个误会。20世纪 40 年代，重庆的北碚博物馆曾展出大猫熊标本，铭牌上自左往右写着"猫熊"二字。由于阅读习惯的问题，当时的记者将"猫熊"误当作了"熊猫"。媒体的传播快而广泛，再想纠正这个错误就有些困难了，久而久之，这个名字也就将错就错地沿用至今。

在国外，对于大熊猫的命名也是费了几番周折。我们常常将大熊猫简称为"熊猫"，其实"熊猫"这个名字最早指的是小熊猫。第一个正式记录并向世界介绍大熊猫的法国传教士将这种动物取名为"黑白熊"，但是通过近一步研究发现，大熊猫并不属于熊类。按照骨骼和牙齿的结构分析，大熊猫与小熊猫等动物更接近，所以"大熊猫"这个名字是区别于"小熊猫"的。由于大熊猫的名气大过小熊猫，所以现在简称的"熊猫"通常是指大熊猫。

中 国

我们的无价之宝，更是我们的骄傲！

北京欢迎你

大熊猫的冷知识

虽然大熊猫早在数百万年前就出现了，但人类对于大熊猫的认知还处于初级阶段，有些冷僻的知识和信息并不为大家所熟知。比如大熊猫是否为一夫一妻制，大熊猫也会因为外貌与习性难过，如何辨别雌雄大熊猫……在大熊猫身上，还有更多的秘密等待着科学家去揭开，我们先来了解一下大熊猫身上那些你可能不知道的事吧。

大熊猫是一夫一妻制吗?

野生大熊猫每两年发情一次，3—5月是它们的发情季。雌性大熊猫会通过叫声和留下特殊气味，将居住在领地周围的雄性大熊猫吸引到一起，然后"比武招亲"。雄性大熊猫会经过斗争取得与雌性大熊猫的交配权，交配结束后，雌性大熊猫会将雄性大熊猫赶出自己的领地，宝宝出生后雌性大熊猫会单独哺育幼崽，等到下次发情时再进行"比武招亲"，所以大熊猫不是严格的一夫一妻制。

炎黄部落与大熊猫的故事

早在 4000 多年前，就已经出现了大熊猫被人类驯养的记录。在《史记》中，轩辕黄帝训练出了一支由猛兽组成的军队，其中战斗力最强的就是老虎、熊和貔貅，而有人说貔貅就是大熊猫。大熊猫不仅可以作为战斗的武器，还能成为士兵的坐骑。骑在大熊猫的身上战斗，可比骑马要威风多了！

在传说故事中，黄帝得到神仙的帮助，有了一条龙作为坐骑。龙能吞云吐雾，兴云布雨，经常将蚩尤的部落打得落花流水。蚩尤找不到可以和龙对抗的坐骑，十分苦恼。这个时候他发现了貔貅，也就是大熊猫。他发现大熊猫不但战斗力很强，而且胆子也大，不惧怕黄帝的龙，蚩尤骑着大熊猫才得以和黄帝打得难解难分。

四姑娘山与大熊猫的故事

在传说当中，大熊猫最初并不是现在这样的颜色，而是浑身披着雪白的皮毛。那时的大熊猫无忧无虑地在山中生活，它们有四位好朋友，都是牧羊的姑娘。有一天，大熊猫遇到危险，饥饿的豹子想吃掉这些大熊猫。紧急时刻，四位牧羊的姑娘不惧危险和豹子搏斗。大熊猫虽然得救了，但是四位姑娘却牺牲了。

大熊猫披着黑纱，向四位姑娘表示哀悼。它们泣不成声，随手用黑纱擦掉眼泪，就这样，眼圈变黑了。它们悲痛地撕扯自己的皮毛，拉扯自己的耳朵，这样耳朵也变黑了。最后它们抱在一起痛哭，四肢和胸前也被染成了黑色。四位姑娘被大熊猫们的真情感动，变成了四座山峰永远守护着大熊猫，这就是著名的四姑娘山。

大熊猫的困境

　　早在人类出现之前，大熊猫就曾是这个星球的主人之一。它们是古老的物种，远比人类的历史更为久远。大熊猫能从数百万年前一直演化到今天绝非偶然，它们有着极为智慧的生存策略。不过随着时代的发展，大熊猫的生存环境变得十分严苛。尽管大熊猫在我国受到无微不至的关怀和保护，但自然界中大熊猫的数量依然很少。究竟是什么原因让大熊猫的处境变得这样窘迫呢？从理论上讲，大熊猫经过漫长的繁衍过程存活到了现在，证明它们具有极为顽强的生命力，只是历史发展到今天，诸多不利于大熊猫的因素开始显现，内忧和外患一起影响着大熊猫这一物种的生存。内在原因主要是大熊猫自然的生物特性，包括大熊猫食物的选择、大熊猫的繁衍过程以及在养育幼崽等方面区别于其他动物的特殊性；外在原因主要在于和大熊猫的生活息息相关的事物上，包括食物生长和死亡的周期性、其他动物的攻击、栖息地不断减少、环境污染以及盗猎行为猖獗等。下面我们就来分析一下这些问题的成因和解决方法，只有找到最有效的方法，才能为大熊猫的生存提供最有力的保障。只有让物种的数量达到一定基数，才能为日后的放归做好充分的准备，毕竟大自然才是野生动物最好的归宿。

植被的砍伐

　　一幢幢摩天大楼拔地而起，城市迅速扩张，许多山林中的树木被过度砍伐。此消彼长是自然的规律，城市发展的代价就是野生动物的栖息范围不断缩小。少了树木的庇护，水土流失日益严重，大熊猫的生存栖息地也受到了波及。少了可供生活的领地，大熊猫种群的分布范围就不断紧缩，大熊猫的数量也随之减少。要想避免大熊猫灭绝，必须减少植被的砍伐。

猎獗的盗猎

　　唐朝时，大熊猫就被当作极其贵重的物品，被皇帝赏赐给大臣和附属国。到了近现代，大熊猫还曾被当作国礼赠送给外国。由于具有极高的价值，大熊猫在历史上有过一段晦暗悲惨的经历，盗猎者对其疯狂捕捉、杀戮，大熊猫一度濒临灭绝。近年来，中国颁布了严格的法律来禁止和惩罚这种行为，在大熊猫常出没的地方还有专门的巡护员巡视，目前已基本杜绝了盗猎这种行为。

食物的减少

　　大熊猫是以竹子为主要食物的杂食性动物。由于竹子经济价值不高及其生长周期的局限性，一些种植竹子的地区改种了其他农作物，所以竹子产量逐年递减。食物短缺是导致大熊猫易危的一大原因。目前大部分大熊猫都生活在保护区里，竹子的数量和食物的营养可以得到兼顾，大熊猫不必再为食物发愁了。

环境的污染

　　环境问题是当今社会亟待解决的难题，环境污染会直接导致生物的死亡，甚至会导致物种灭绝。大熊猫自然也无法逃脱这种困境。恶劣的环境会让植物死亡，造成大熊猫食物短缺，水源的污染会令大熊猫的身体健康受到威胁。好在近些年各国都加大了环境治理的力度，相信在不久的将来一定可以还给大熊猫一片美丽的栖息地。

大熊猫"保卫战"

在自然界中，大熊猫算是比较脆弱的物种之一，影响它们生存的因素有很多，出生率低、自然灾害以及其他动物的攻击都可能对它们造成致命的威胁。我国建立了一套较为完善的大熊猫保护体系，在大熊猫时常出没的密林之中，会有专门保护它们的巡护员定时巡视。在国家力量的积极推动下，手段与措施并行，颁布《稀有生物保护办法》，禁止捕猎大熊猫等稀有动物，建立更多的大熊猫自然保护区和大熊猫国家公园，这是我国目前主要倡导的保护形式。多地在政策的带动下积极发展天然林保护工程，不仅改善了自然环境，还为圈养大熊猫的野外放归做好了充分的准备，相信在不久的将来一定可以还给大熊猫一个良好的生存环境。

著名的卧龙国家级自然保护区是我国国家级第三大保护区，也是四川省境内面积最大的自然保护区。除此之外，四川王朗国家级自然保护区、陕西佛坪国家级自然保护区等也是大熊猫生活的天堂。从1963年我国最早的大熊猫保护区成立，到全国第四次大熊猫调查结束，全国有大熊猫分布的保护区达67个，总面积达336万公顷，覆盖了53.8%的大熊猫栖息地，保护了66.8%的野生大熊猫种群。2021年7月7日，在国务院新闻办公室举行的新闻发布会上，宣布了一条好消息：我国大熊猫野外种群数量达到1800多只，受威胁程度等级由濒危降为易危。生物多样性保护的道路还很漫长，还有更多的野生动物同样等待着我们的呵护。

「ABOUT」关于上尚印象

上尚印象是一个年轻的、充满活力的图书出版品牌。

品牌用专业的能力赋予童书更新颖的现代设计语言和图像风格。产品的阅读人群不仅仅是儿童，也包括对精品图书着迷的成人。将知识类童书打造成值得收藏的全年龄读本，努力开创"没有界限的阅读模式"是上尚人对产品的无限追求。

上尚印象创始人宋超先生从事艺术设计与图书研发二十多年，对儿童出版物具有强烈的敏锐度，曾主持创作出版的童书达数百种。公司核心团队成员数十人，同时签约多名国内外知名插画家，真正实现了创作自主化模式。团队不仅追求美学与形式化的创新，更加重视选题内容以及读者感受。主创成员均来自不同领域，选题研发初期，我们以"小选题"为基础，在各自领域内进行头脑风暴，然后编辑汇总，从而达到"大百科"的知识输出，力争为不同年龄的读者打造出值得收藏的"一本好书"。

特别感谢审读推荐专家

洪明生博士 / 西华师范大学教授，研究生导师，主要从事大熊猫等珍稀濒危保护动物及其环境微生物研究。在 *Forest Ecology and Management*、*Applied Microbiology and Biotechnology*、兽类学报等国内外期刊上发表论文 20 余篇，著作 3 部，先后主持包括国家自然科学基金等项目 6 项，获得四川大熊猫生态与文化促进会大熊猫文化奖。

李健 / 科普作家，动物摄影师，任中国动物园协会科普创作组主编，是"保护本土物种，建设生态中国"全国动物园联动活动的发起人之一。多年来，走访了全国多家动物园，专注拍摄日益稀少的中国本土动物，以保留其影像资料，著有《动物园中的中国珍稀哺乳动物》。

特别感谢上尚印象《大熊猫》研发组成员

杜斌、张喆、吕思文、刘胜姣、任大印、颜廷宇、孙禹、董志刚、丑丑